Anton Fritsch

Alle Vögel Europas im Bild

Anton Fritsch

Alle Vögel Europas im Bild

ISBN/EAN: 9783955621407

Auflage: 1

Erscheinungsjahr: 2013

Erscheinungsort: Bremen, Deutschland

@ Bremen-university-press in Access Verlag GmbH, Fahrenheitstr. 1, 28359 Bremen. Alle Rechte beim Verlag und bei den jeweiligen Lizenzgebern.

Fig 1. Neophron Percnopterus. L. – 2. Neophron Percnopterus (juv) – 3. Vultur fulvus. Briss. – 4 Gyps cinereus. Sav.
5. Otogyps auricularis. Daudin – 6. Gypaëtos barbatus. L. – 7 Gypaëtos barbatus. (juv)

Fig.1. Falco peregrinoides. Temm (juv) - 2. Falco peregrinoides (fem. ad) - 3. Falco peregrinoides (mas. ad) - 4. Falco islandicus Lath (mas. ad) - 5. Falco islandicus (fem) - 6. Falco laniarius auct (mas. ad) - 7. Falco laniarius (mas. semi ad) 8. Falco peregrinus Gmelin (fem juv) - 9. Falco peregrinus (mas. ad)

Fig 1. Falco subbuteo L. (juv) – 2. Falco subbuteo (fem.ad) – 3. Falco concolor. Tem (mas.ad) – 4. Falco **ardesiacus** Vieill.
5. Falco Eleonoræ. Gené (fem.ad) – 6. Falco Eleonoræ (mas.ad) – 7. Falco æsalon. Gm (mas.ad) – 8. Falco rufipes Bes(c)ke (mas)
9. Falco rufipes. (fem)

Fig.1. Falco gabar. Daud (mas.ad) –2. Falco cenchris Naum (mas ad) –3. Falco nisus L (fem. juv) –4 Falco æsalon Gm (fem) –5 Falco nisus L (fem ad) –6 Falco tinunculus L (mas. ad) –7 Falco tinunculus (fem.ad) –8 Cuculus canorus L (mas ad) 9 Cuculus canorus (fem.sem.ad.)

Fig.1. Falco Feldeggii Schlegel (m ad) – 2. Falco Feldeggii (m juv) – 3. Aquila pennata Gm (fem ad) – 4. Aquila pennata (m juv) – 5. Aquila pennata (m ad) – 6. Pernis apivora (m juv) – 7. Pernis apivora – 8. Buteo cinereus (vulgaris Bechst) – 9. Archibuteo lagopus. Brunn.

Fig.1. Buteo ferox. Gm m ad - 2. Buteo ferox. fem - 3. Aquila nævia Br. - 4. Aquila Bonellii Tem. juv. - 5. Aquila Bonellii ad - 6. Circaetus gallicus Gm - 7. Milvus regalis Br.

Fig.1. Aquila chrysaetos. Pall 2. Aquila chrysaetos. 3. Aquila chrysaetos. 4. Haliætus albicilla. juv.
5. Haliætus albicilla. ad.

Fig.1. Aquila heliaca. Sav. m.ad. -2. Aquila heliaca. m.juv. -3. Aquila heliaca. juv. -4. Aquila naevia. Br. m.ad. -5. Haliaetus leucoryphus. Pall juv. -6. Haliaetus leucoryphus. semi.ad.

Fig.1. Pandion haliaetus Cuv — 2 Milvus niger Br — 3 Astur palumbarius Bechst.(m.ad.) —
4. Elanus melanopterus Leach 5 Circus aeruginosus Bp.(m ad.) — 6 Strigiceps cyaneus. Bp.(ad) —
7 Strigiceps cinerascens Bp. ad 8 Strigiceps Swainsonii.Bp.(m.ad.)

Tab. 10.

Fig. 1. Milvus parasitus. Levaill. –2. Strigiceps Swainsonii. Bp. (fem. ad.) –3. Strigiceps cinenerascens. Bp. (juv.) –4. Astur palumbarius. Bechst. (fem. juv.) –5. Circus aeruginosus. Bp. (m. ad.) –6. Circus aeruginosus. Bp. (juv.) 7. Circus aeruginosus. Bp. (semi. ad.) –8. Strigiceps cyaneus. Bp. (fem.)

Fig.1. Nyctale funerea Bp 2. Athene noctua Bp 3. Otus vulgaris Flem 4. Strix flammea L.
5. Surnia ulula Bp 6. Brachyotus palustris Bp 7. Brachyotus capensis Bp 8. Syrnium aluco Bp

Fig 1. Syrnium uralense. Bp jv. 2. Syrnium uralense. Bp ad. 3. Bubo Ascalaphus. Sav.
4. Nyctea nivea. Bp. 5. Bubo maximus. Bp. 6. Syrnium cinereum. Gr.

Fig.1. Caprimulgus europaeus. L 2. Caprimulgus ruficollis. Temm 3. Cypselus apus. L 4. Cypselus melba. L
5. Scops zorca. Sav 6. Glaucidium passerinum. Boje 7. Athene meridionalis. Risso 8. Nyctale funerea. Bp.(juv)
9. Perisoreus infaustus. Bp 10. Nucifraga caryocatactes. Cuv 11. Upupa epops. L 12. Oxylophus glandarius. Bp.

Fig.1. Alcedo ispida, L. 2. Coracias garrula, L. 3. Merops apiaster, L. 4. Merops aegyptius, Forsk. 5. Tichodroma muraria, Jll. 6. Petrocincla cyanea, K m B. 7. Oriolus galbula, L. (mas.) 8. Oriolus galbula, L. (fem.) 9. Picus canus, Gm (mas.) 10. Picus viridis, L. (mas ad) 11. Picus viridis, L. (mas juv.)

Fig.1.Turdus merula, L -2.Turdus torquatus, L -3.Picus minor L (m.ad.)-4.Picus major L (m.juv)-
5.Picus major L (m.ad.)-6.Picus lenconotus, Bechst (fem ad)-7. Picus lenconotus, Bechst (m.juv)-
8.Picus medius, L (m ad)-9.Apternus tridactylus, Sw (m.ad)-10.Dryocopus martius, Boje (m. ad.)-
11.Ceryle rudis, Boje

Fig.1. Anthus arboreus, Bechst - 2. Anthus spinoletta, Bp - 3. Alauda arborea, L - 4. Anthus Richardi, Vieill - 5. Anthus cervinus, Bp - 6. Anthus obscurus, Degl - 7. Anthus pratensis, Bechst - 8. Anthus campestris, Bechst - 9. Alauda calandrella, Bonelli - 10. Alauda diserti, Licht - 11. Alauda arvensis, L - 12. Certhialauda desertorum, Bp - 13. Alauda alpestris, L - 14. Alauda leucoptera, Pall - 15. Alauda tartarica, Pall - 16. Alauda cristata, L - 17. Alauda calandra, L.

Fig. 1. Emberiza hortulana, L. 2. Emb: hortulana, L. 3. Emb: cirlus, L.(mas) 4. Emb: cirlus, L.(fem) 5. Emb: cæsia, Cretschm. 6. Emb: melanocephala, Scopoli. 7. Emb: citrinella, L. 8. Fringilla citrinella, L. 9. Fringilla serinus, L.(mas) 10. Fringilla spinus, L.(mas) 11. Fringilla spinus, L.(fem) 12. Fringilla chloris, fem 13. Motacilla sulfurea, Bechst (fem) 14. Motacilla sulfurea, Bechst(mas) 15. Budites nigricapilla, Bp 16. Budites cinereocapilla, Bp 17. Budites flava, Bp(mas) 18. Bud: flava, Bp(fem) 19. Bud: Rayi, Bp. 20. Parus coeruleus, L. 21. Parus major, L.

Fig.1. Calamodyta fluviatilis, M.W. 2. Calamodyta aquatica, Bp. 3. Calamodyta luscinioides, Gr. 4. Calamodyta locustella, 5. Turdus iliacus, L. 6. Turdus viscivorus, L. 7. Calamodyta turdoides, M.W. 8. Calamodyta palustris, M.W. 9. Calamodyta cisticola, M.W. 10. Calamodyta phragmitis, Bp. 11. Turdus obscurus, Gm. 12. Turdus minor, Gm. 13. Turdus musicus, L. 14. Iynx torquilla, L. 15. Oreocincla aurea, Bp. 16. Accentor Temminckii, Br.-Cb. 17. Calamodyta cetti, Gr. 18. Calamodyta arundinacea, M.W. 19. Calamodyta aquatica, Bp. 20. Calamodyta melanopogon, Gr.

Fig.1 Regulus cristatus, Ray (fem) 2.Regulus ignicapillus, Cuv.(mas) 3.Phyllobasileus superciliosus, Cab.(mas) 4.Phyllob. superciliosus, Cab.(fem) 5.Regulus cristatus, Ray (mas) 6.Regulus igni capillus, C=.(fem) 7.Oraegithus pusillus, Cab. 8.Phyllopneuste trochillus, Meyer (mas) 9.Phyllopneuste Bonelli, Bp 10.Loxia pityopsittacus, Bechst.11.Loxia bifasciata, Brehm 12.Carpodacus roseus, Kaup.(fem) 13.Corythus enucleator, Cuv 14.Carpodacus erythrinus, Kaup.(juv) 15.Phyllopneutse rufa, Bp.16.Hypolais salicaria, Bp. 17. Hypolais elaica, Bp 18.Phyllopneuste sibilatrix, Bp 19.Hypolais olivetorum, Selys 20.Anthus pratensis, Bechst 21.Cynchramus miliaria, Bp. 22.Anthus arboreus, Bchst.

Fig.1. Emberiza aureola, Pall 2. Emberiza schæniclus, L. (fem) 3. Emberiza pusilla, Pall 4. Emberiza rustica, Pall 5. Emberiza schæniclus, L (mas ad) 6. Emberiza fucata, Pall 7. Emberiza pityornis, Pall. (fem) 8. Emberiza pusilla, Pall.(juv) 9. Turdus dubius, Bechst (Naumanni Tem) 10. Turdus fuscatus, Pall 11. Passer italiæ, Bp 12. Emberiza schæniclus, L (mas juv) 13. Passer montanus, Aldrov 14. Accentor alpinus, Bechst. 15. Emberiza pityornis, Pall. (mas) 16. Passer domesticus, Bp (mas) 17. Turdus pilaris, L 18. Emberiza cia, L 19. Cinclus aquaticus, Bechst.(ad) 20. Passer salicarius, Vieill 21. Cinclus aquaticus, Bechst (juv) 22. Cinclus melanogaster, Tem.

Fig 1. Sylvia Rüppelli, Tem. 2. Sylvia orphea, Tem. 3. Pyrophthalma melanocephala, Bp. 4. Pyrophthalma sarda, Bp. 5. Parus ater, L. 6. Muscicapa atricapilla, L. 7. Melizophilus provincialis, Leach (ad) 8. Parus sibiricus, Gm. 9. Melizophilus provincialis, Leach (juv) 10. Muscicapa albicollis, Tem. 11. Parus borealis, Selys. 12. Lanius excubitor, L. 13. Lanius meridionalis, Tem. 14. Motacilla alba, L. 15. Parus lugubris, Zetterst. 16. Lanius minor, Gm. (juv) 17. Parus palustris, L. 18. Lanius minor, Gm (ad) 19. Saxicola stapazina, Koch 20. Saxicola oenanthe, Bechst. 21. Saxicola leucura, K.B 22. Motacilla Yarelli Gould 23. Saxicola aurita, Tem. 24. Saxicola leucomela, K.B.

Fig.1. Pyrrhula vulgaris, Pall.(fem.) 2. Pyrrhula vulgaris, Pall.(mas.) 3. Erythrospiza githaginea, Bp. 4. Lusciola luscina, K.Bl.(juv.) 5. Carpodacus roseus, Kaup.(fem) 6. Carpodacus roseus, Kaup.(mas ad.) 7. Loxia bifasciata, Brehm. 8. Loxia curvirostra, L. 9. Loxia pityopsittacus, Bechst. 10. Lusciola philomela, K.Bl. 11. Lusciola luscinia, K.Bl. 12. Carpodacus erythrinus, Kaup. 13. Carpodacus erythrinus, Kaup. 14. Corythus enucleator, Cuv.(mad.) 15. Melodes calyope, K.Bl.(fem) 16. Melodes calyope, K.Bl.(mas.) 17. Troglodytes europäus, Cuv. 18. Troglodytes, europäus, Cuv. 19. Pastor roseus, Tem.(juv) 20. Pastor roseus, Tem.(ad) 21. Tichodroma muraria, Ill.

Fig.1.Hirundo cahirica,Licht.2.Hirundo rufula,Temm.(juv)3.Hirundo rufula,Temm.(ad.)4.Hirundo rustica,L. 5.Chelidon urbica, Boje 6.Cyanecula suecica, Boje (m.)7.Cyanecula suecica, Boje.(m.)8.Cyanecula suecica, Boje(fem.)9.Cyanecula suecica, Boje (m.)10.Lanius nubicus,Licht.11.Lanius rufus,Br.(m.)12.Lanius collurio,L.(m.) 13.Ruticilla erythaca,Bp.(m.)14.Ruticilla erythaca,Bp.(fem.)15.Ruticilla phoenicurus,Bp.(m.)16.Ruticilla phoe-nicurus,Bp.(fem.)17.Turdus migratorius,L.18.Sitta syriaca,Ehrenb.19.Sitta uralensis,Licht.20.Sitta europaea,L! 21.Sitta cäsia,Meyer 22.Petrocichla saxatilis,Vig.(m.ad)23.Petrocichla saxatilis,Vig.(fem.)

Fig.1. Cotyle riparia, Boie (ad) 2. Cotyle riparia, Boie (juv) 3. Muscicapa albicollis, Tem. (fem) 4. Butalis grisola, Boie. 5. Muscicapa atricapilla, L.(fem) 6. Cotyle rupestris, Boie. 7. Parus cristatus, L. 8. Sylvia hortensis, B. 9. Sylvia atricapilla, L.(mas) 10. Turdus merula, L. (fem) 11. Ixos obscurus, Bp. 12. Sylvia nisoria, Bechst (ad) 13. Montifringilla nivalis, Brehm. 14. Sylvia nisoria, Bechst.(juv) 15. Erythrosterna parva, Bp. (fem) 16. Petronia rupestris, Bp. 17. Passer domesticus, Bp. (fem) 18. Sylvia atricapilla, L.(fem) 19. Turdus atrigularis, Tem (m ad) 20. Turdus atrigularis, Tem.(juv) 21. Turdus atrigularis, Tem.(fem)

Fig.1. Muscicapa parva, Bechst (m.ad) Fig.2. Saxicola rubetra, L(ad) Fig.3. Saxicola rubetra, L(juv) Fig.4. Saxicola rubicola, L Fig.5. Sylvia subalpina, Bonelli (m.ad) Fig.6. Sylvia subalpina, B.(fem) Fig.7. Sylvia cinerea, Lath(vac) Fig.8. Lanius collurio, L(juv) Fig.9. Lanius rufus, Br(juv) Fig.10. Lanius tchagra, Fig.11. Emberiza cia, L (juv) Fig.12. Saxicola oenanthe, L(fem) Fig.13. Fringilla montifringilla, L(juv) Fig.14. Fringilla montifringilla, L(ad) Fig.15. Accentor modularis, Cuv Fig.16. Emberiza striota. Napp. Fig.17. Plectrophanes nivalis, Meyer(juv) Fig.18. Plectrophanes nivalis, Meyer(ad) Fig.19 et 20. Certhia familiaris, L Fig.21. Lusciola rubecula, Fig.22. Plectrophanes lapponicus, Selby (m.ad) Fig.23. Plectrophanes lapponicus, Selby (fem.)

Fig.1. Sylvia cinerea, Lath. Fig.2. Sylvia curruca, Lath. Fig.3. Sylvia conspicillata, Marm. Fig.4. Aedon galactodes, Boje. Fig.5. Calamophilus biarmicus, Leach(m ad) Fig.6. Calamophilus biarmicus, (fem) Fig.7. Fringilla carduelis, L. Fig.8. Aegithalus pendulinus, Vig. Fig.9. Parus caudatus, L. Fig.10. Fringilla coelebs, L(fem) Fig.11. Fringilla coelebs, L(m ad) Fig.12. Fringilla borealis, Fem Fig.13. Emberiza provincialis, Gm. Fig.14. Emberiza lesbia, Gm Fig.15. Fringilla linaria, Tem (m ad) Fig.16. Fringilla linaria, Tem (fem) Fig.17. Fringilla cannabina, L(fem) Fig.18. Fringilla cannabina, L(m ad) Fig.19. Fringilla montium, Gm

Fig.1.Sturnus vulgaris, L.(juv.) 2. Sturnus unicolor, L. 3. Sturnus vulgaris, L.(ad) 4. Bombicilla garrula, Tem.(fem.) 5. Bombicilla garrula, Tem.(mas.) 6. Pica caudata, Ray. 7. Coccothraustes vulgaris, Br. 8.Parus cyanus, Pall. 9. Cyanopica Cooki, Bp. 10.Garrulus glandarius, Bp. 11.Garrulus Krynickii, Kal.

Fig.1. Corvus cornix, L Fig.2. Corvus monedola, L Fig.3. Corvus corone, Lath. Fig.4. Fregillus graculus, Cuv Fig.5. Pyrrhocorax alpinus, Vieill. fig.6. Corvus corax, L Fig.7. Corvus frugilegus, L (Cuv) fig.8. Corvus frugilegus, L (ad)

Fig. 1. Turtur auritus, Ray.- Fig. 2. Turtur ägyptiacus, Bp.- Fig. 3. Columba palumbus, L.- Fig. 4. Columba änas, L.- Fig. 5. Ectopistes migratorius, Sw.- Fig. 6. Perdix petrosa, Lath.- Fig. 7. Perdix gräca, Briss.- Fig. 8. Francolinus vulgaris, Steph.- Fig. 9. Perdix rubra, Briss.- Fig. 10. Columba livia, Briss.

Fig.1. Lagopus albus, Bp - Fig.2. Lagopus mutus, Leach - Fig.3. Lagopus mutus, Leach - Fig.4. Lagopus albus, Bp Fig.5. Lagopus scoticus, Vieill - Fig.6. Lagopus mutus Leach - Fig.7. Coturnix communis, Bon (fem) - Fig.8. Coturnix communis, B (mas) Fig.9. Starna perdix, Bp (mas)

Fig. 1. Bonasia sylvestris, Brehm (mas) - Fig. 2. Bonasia sylvestris, Brehm (fem) - Fig. 3. Tetrao tetrix, L.(fem) - Fig. 4. Tetrao tetrix, Linas) - Fig. 5. Tetrao medius, Auct (mas) - Fig. 6. (?) Tetrao medius, Auct (fem ?) - Fig. 7. Tetrao gallus caucasicus, Gray

Fig.1. Porzana maruetta, Gr. - Fig.2. Ortygometra crex, Gray - Fig.3. Porzana pygmäa, Bp. - Fig.4. Porzana minuta, Bp. - Fig.5. Porzana minuta, Bp. - Fig.6. Ortygometra crex, Gray - Fig.7. Cursorius gallicus, Bp.(juv) - Fig.8. Cursorius gallicus, Bp (ad) - Fig.9. Pterocles arenarius, Temm (mas) - Fig.10 Pterocles alchata, Steph (mas ad) - Fig.11. Turnix africanus, Desfont - Fig.12. Syrrhaptes paradoxus, Gray (mas) - Fig.13. Pterocles arenarius, Temm (fem)

Fig. 1. Charadrius hiaticula, L. (adult) Fig. 2. Charadrius cantiacus, L. Fig. 3. Charadrius curonicus, Bez.(juv) Fig. 4. Charadrius curonicus, Bez. (ad) Fig. 5. Charadrius hiaticula, L.(juv) Fig. 6. Glareola pratincola, L. (ad) Fig. 7. Calidris arenaria, Bp. Fig. 8. Glareola pratincola, L.(juv) Fig. 9. Glareola Pallasi, Brüch. (juv) Fig. 10. Glareola Pallasi, Brüch. (ad) Fig. 11. Chettusia gregaria, Bp. Fig. 12. Pelidna maritima, Bp. Fig. 13. Actitis hypoleucus, Boje (ad) Fig. 14. Actitis hypoleucus, Boje.(juv). Fig. 15. Charadrius curonicus, Bez.(juv) Fig. 16. Eudromias morinellus, Boje (ad) Fig. 17. Eudromias morinellus, Boje. (ad) Fig. 18. Charadrius pyrrhothorax, Temm. Fig. 19. Eudromias asiaticus, K. et Bl.

Fig.1. Totanus fuscus, Leisl. Fig.2. Strepsilas interpres, Jll.(fem.) Fig.3. Totanus fuscus, Leisl. Fig.4. Totanus calidris, Bechst. Fig.5. Himantopus candidus, Bon. Fig.6. Totanus calidris, Bechst. Fig.7. Recurvirostra avocetta, L. Fig.8. Strepsilas interpres, Jll. (mas.) Fig.9. Hæmatopus ostralegus, L.

Fig.1. Gallinula chloropus, Lath.(juv) Fig.2. Gallinula chloropus, Lath.(ad) Fig.3. Vanellus cristatus, Meyer (juv) Fig.4. Vanellus cristatus (pull) Fig.5. Vanellus cristatus, (ad) Fig.6. Fulica atra, L Fig.7. Fulica cristata, Gm Fig.8. Rallus aquaticus. L.

Fig.1. Otis tetrax, L.(fem) Fig.2. Otis tetrax, L.(m ad) Fig.3. Tetrao urogallus, L.(fem) Fig.4. Tetrao urogallus, (m ad) Fig.5. Otis tarda, L (m ad) Fig.6. Otis houbara, Gm.

Fig. 1. Pluvialis apricarius, Sp (hiem) Fig. 2. Pluvialis apricarius, Sp (estat) Fig. 3. Ardeola minuta, Sp (fem) Fig. 4. Ardeola minuta, Sp (mas ad) Fig. 5. Ardeola minuta, Sp (juv) Fig. 6. Botaurus stellaris, Boje. Fig. 7. Gallinago major Sp.
Fig. 8. Gallinago scolopacinus, Sp Fig. 9. Gallinago gallinula, Sp Fig. 10. Scolopax rusticola, L.

Fig. 1. Machetes pugnax, Cuv. Fig. 2. Totanus ochropus, Temm. Fig. 3. Totanus stagnatilis, Bechst. Fig. 4. Pelidna cinclus, Cuv. Fig. 5. Totanus glareola, Temm. Fig. 6. Xenus cinereus, Kaup. Fig. 7. Squatarola helvetica, Cuv (aetate) Fig. 8. Squatarola helvetica, Cuv (hiem) Fig. 9. Tringa canutus. Fig. 10. Pelidna subarquata, Cuv (hiem) Fig. 11. Limicola pygmæa, Koch. Fig. 12. Pelidna Temmincki, Cuv. Fig. 13. Glottis canescens, Bp (ad) Fig. 14. Glottis canescens, Bp (juv)

Fig.1. Pelidna minuta, Cuv. Fig.2. Tringa cannutus, L. Fig.3. Phalaropus cinereus, Br. Fig. 4. Pelidna subarquata, Cuv. Fig.5. Phalaropus fulicarius, Bp. Fig.6. Limosa ægocephala, Bp. Fig.7. Limosa rufa, Br. Fig.8. Aedicnemus crepitans, Temm. Fig.9. Pelidna minuta, Cuv. Fig.10. Limosa ægocephala, Bp. Fig.11. Pelidna cinclus, Cuv. Fig.12. Limosa rufa, Br.

Fig. 1. Numenius tenuirostris, Vieill Fig. 2. Numenius phæopus, Lath. Fig. 3. Buphus ralloides, Bp. (ad)
Fig. 4. Numenius arquatus, Lath Fig. 5 Buphus ralloides, Bp (juv) Fig. 6. Nycticorax griseus, Strickl (ad)
Fig 7 Nycticorax griseus, Strickl (juv.)

Fig. 1. Grus leucogerana, Pall. Fig. 2. Ciconia nigra, Bel. (ad) Fig. 3. Ciconia alba, Bel. Fig. 4. Phoenicopterus roseus, Pall. Fig. 5. Anser hyperboreus, Pall.

Fig. 1. Anser hyperboreus, Pall. Fig. 2. Egretta garzetta, Bp. Fig. 3. Ardea cinerca, L. (ad) Fig. 4. Buphus bubulcus, Bp.
Fig. 5. Egretta alba, Bp. Fig. 6. Platalea leucorhodia, L.

Fig. 1. Ardea purpurea, L (ad) Fig. 2. Actiturus Bartramius, Bp Fig. 3. Plegadis falcinellus, Kaup. Fig. 4. Machetes pugnax, Cuv. (juv.)
Fig. 5. Machetes pugnax, Cuv (ad) Fig. 6. Ardea purpurea, L (juv) Fig. 7. Porphyrio veterum, Cm Fig. 8. Hyas ægyptius, Gl. Fig. 9. Ibis æthiopica, Bp

Fig.1. **Anthropoides virgo**, Vieill. Fig.2. **Ardea cinerea**, L.(juv) Fig.3. **Ciconia nigra**, Auct.(fem) Fig.4. **Grus cinerea**, Bechst. Fig.5. **Phoenicopterus roseus**, Pall.(juv)

Fig.1. Bernicla leucopsis, Bechst._Fig.2. Bernicla brenta, Steph._Fig.3. Anser sp.?_Fig.4. Anser segetum, Meyer._Fig.5. Anser Bruchi, Brehm._Fig.6. Anser arvensis, Brehm._Fig.7. Anser brevirostris, Koch._Fig.8. Anser cinereus, Meyer._Fig.9. Anser erythropus, Steph.

Fig 1. Pelecanus minor, Rupp Fig 2. Cygnus olor, Vieill Fig 3. Cygnus musicus, Bechst (ad) Fig 4. Cygnus musicus, Bechst (juv) Fig 5. Pelecanus crispus, Bruch (juv) Fig. 6. Pelecanus onocrotalus, Auct (juv) Fig 7. Pelecanus crispus, Bruch (ad) Fig 8. Pelecanus onocrotalus, Auct (ad) Fig 9. Cygnus minor, Pall

Fig. 1. Querquedula crecca, Steph (mas ad.) Fig. 2. Mergus albellus, L.(mas ad.) Fig. 3. Pterocyanea circia, Bp. (mas ad.) Fig. 4. Marecca penelope, Bp. (mas ad.) Fig. 5. Pterocyanea circia, Bp. (fem.) Fig. 6. Dafila acuta, Leach (mas ad.) Fig. 7. Querquedula bimaculata, Bp (mas ad.) Fig. 8. Querquedula crecca, Steph. (fem.) Fig. 9. Casarca rutila, Pall. Fig. 10. Stelleria dispar, Bp (mas ad.) Fig. 11. Querquedula bimaculata, Bp(fem) Fig. 12. Stelleria dispar, Bp (fem) Fig. 13. Mergus albellus, S.(fem)

Fig.1. Querquedula angustirostris, Bp. Fig.2. Dafila acuta, Leach.(fem)_Fig.3. Aythya ferina, Gould.(fem)
Fig.4. Clangula glaucion, fiem/fem: Fig.5. Mergus cucullatus, Bp. (mas.ad) Fig.6. Erismatura leucocephala, Bp Fig.7. Harelda glacialis, Leach (fem) Fig.8. Oidemia nigra, fl.(fem.) Fig.9. Aythya marila
Bp (fem) fig.10. Fuligula cristata Ray (fem) Fig.11. Oidemia perspicillata, flem (fem)

Fig 1. Harelda glacialis, Leach (m.ad.)_Fig.2. Nyroca leucophthalma, Fl. (m.ad.)_Fig.3. Harelda glacialis, Leach. Fig.4. Erismatura leucocephala, Bp. (m.ad.)_Fig.5. Nyroca leucophthalma Fl. (fem.). Fig.6. Harelda histrionica, K.et Bl. (m.ad.)_Fig.7. Harelda histrionica, K et Bl. (fem.)_Fig.8. Chaulelasmus streperus, Gray_Fig.9. Aythia ferina Gould (m.ad.) Fig.10. Bernicla rufficollis, Steph.

Fig.1. Oidemia fusca, Fl.(m.ad.)_Fig.2. Oidemia perspicillata, Fl.(m.ad.)_Fig 3. Oidemia nigra, Fl.(m.ad.)_Fig.4. Clangula islandica, Bp.(m.ad)_Fig.5. Clangula glaucion, Fl.(m.ad.)_Fig 6.Tadorna vulpanser, Fl.(ad)_Fig 7.Somateria molissima, Leach.(m.ad.)_Fig.8. Somateria spectabilis, Leach.(m ad.)

Fig.1. Fuligula cristata, Ray _ Fig.2. Anas boschas, L. (fem.) _ Fig.3. Mareca penelope, (fem.) _ Fig.4. Rhynchaspis clypeata, Leach (mas.ad.) _ Fig.5. Aythia marila, Bp. (m.ad.) _ Fig.6. Rhynchaspis clypeata, (fem.) _ Fig.7. Querquedula falcata, Bp. _ Fig.8. Aix sponsa, Boje.(mas.ad.) _ Fig.9. Merganser castor, Bp (mas.ad.) _ Fig.10. Anas boschas, L. (mas.ad.)

Fig.1. Merganser serrator, Bp. (fem)_ Fig.2. Merganser castor, Bp. (fem)_Fig.3. Branta rufina, Boje (fem)_ Fig 4. Merganser serrator Bp (m ad)_ Fig.5. Somateria spectabilis, Leach, (fem)_ Fig 6. Oidemia fusca, Fl (fem)_ Fig 7. Branta rufina, Boje, (m.ad)_Fig 8. Somateria molissima, Leach, (fem)

Fig.1. Phalacrocorax carbo. Dum.(juv) Fig.2. Phalacrocorax pygmæus. Dum.(ad) Fig.3. Phalacrocorax pygmæus. Dum.(juv) Fig.4. Phalacrocorax graculus. Dum.(ad) Fig.5. Phalacrocorax carbo. Dum.(ad)

Fig.1. Sterna macrura, Naum. Fig.2. Xema minutum, Boje.(ad) Fig.3. Xema minutum, Boje.(juv) Fig.4. Sterna hirundo, L. Fig.5. Sternula minuta, Bp. Fig.6. Hydrochelidon fissipes, Bp. Fig.7. Hydrochelidon leucoptera, Boje. Fig.8. Xema capistratum, Boje. Fig.9. Xema ichthyätum, Bp. Fig.10. Hydrochelidon hybrida, Bp. Fig.11. Hydroprogne caspia, Kaup. Fig.12. Larus argentatus, Brünn.

Fig.1. Gelochelidon anglica, Br. Fig.2. Thalasseus cantiacus, Boje. Fig.3. Pagophila eburnea, Boje. (juv) Fig.4. Xema Sabinii, Leach Fig.5. Pagophila eburnea, Boje. (ad) Fig.6. Larus fuscus, L.(juv.) Fig.7. Larus canus L (juv) Fig.8. Larus marinus, L (ad) Fig.9. Xema ridibundum, Boje. (juv)

Fig.1. Thalasseus affinis, Bp.(juv) Fig.2. Fulmarus glacialis, Leach.(juv) Fig.3. Fulmarus glacialis, Leach.(ad)
Fig.4. Thalasseus affinis, Bp.(ad) Fig.5. Larus canus, Leach.(ad) Fig.6. Larus leucopterus, Faber. Fig.7. Larus
fuscus, Leach.(ad) Fig.8. Larus glaucus, Brünnich. Fig.9. Rissa tridactyla, Leach.

Fig. 1. Sterna paradisea, Brünn. Fig. 2. Xema melanocephalum, Boie. Fig. 3. Xema melanocephalum, Boie. Fig. 4. Mormon arcticus, Ill. Fig. 5. Hydrochelidon fissipes, Bp. Fig. 6. Sula bassana, Br. Fig. 7. Xema ridibundum, Bp. Fig. 8. Larus argentatus, Brünnich (juv) Fig. 9. Rhodostetia rosea, Bp.

Fig.1. Puffinus major, Faber Fig.2. Puffinus cinereus, Steph. Fig.3. Lestris cephus, K. et Bl. Fig.4. Lestris parasita, Boie Fig.5. Lestris pomarina, Temm.(juv) Fig.6. Lestris pomarina Temm.(ad) Fig.7. Catarracta skua, Brünn Fig.8. Larus fuscus, L.(juv)

Fig.1. Mergulus alle. Bp Fig.2. Grylle columba. Bp Fig.3. Grylle columba. Bp Fig.4. Grylle Mandtii. Fig.5. Uria bringvia Fig.6. Uria arra. Pall Fig.7. Alca torda. Fig.8. Alca impennis. L.(hiem) Fig.9. Alca impennis. L.(ad)

Fig.1. Colymbus septentrionalis, L. (fem) Fig.2. Colymbus arcticus, L. (juv) Fig.3. Colymbus septentrionalis, L. (m ad) Fig.4. Colymbus glacialis, L. (fem) Fig.5. Colymbus glacialis, L. (m ad) Fig.6. Colymbus arcticus, L. (m ad) Fig.7. Uria lomvia, Brünn.

Fig.1. Puffinus obscorus, Steph. Fig.2. Puffinus anglorum, Ray. Fig.3. Procellaria Wilsoni, Bp. Fig.4. Procellaria pelagica, L. Fig.5. Procellaria Leachi, Temm. Fig.6. Podiceps subcristatus, Jardine (ad) Fig.7. Podiceps nigricollis, Sundew (juv) Fig.8. Podiceps nigricollis, Sundew (ad) Fig.9. Podiceps subcristatus, Jardine (juv) Fig.10. Podiceps auritus, Sundew (ad) Fig.11. Podiceps cristatus, Lath. (juv) Fig.12. Podiceps minor, Lath.(juv) Fig.13. Podiceps minor, Lath. (ad) Fig.14. Podiceps cristatus, Lath. (ad)